建设工程消防设计审查验收暂行规定、细则、文书式样

中华人民共和国住房和城乡建设部　发布

中国建筑工业出版社

图书在版编目（CIP）数据

建设工程消防设计审查验收暂行规定、细则、文书式样/中华人民共和国住房和城乡建设部发布. —北京：中国建筑工业出版社，2020.8

ISBN 978-7-112-25364-7

Ⅰ.①建… Ⅱ.①中… Ⅲ.①建筑工程一消防设备一建筑设计一中国 Ⅳ.①TU892

中国版本图书馆 CIP 数据核字（2020）第 153231 号

责任编辑：李　杰
责任校对：张惠雯

建设工程消防设计审查验收暂行规定、细则、文书式样

中华人民共和国住房和城乡建设部　发布

*

中国建筑工业出版社出版、发行（北京海淀三里河路 9 号）
各地新华书店、建筑书店经销
北京红光制版公司制版
天津翔远印刷有限公司印刷

*

开本：850×1168 毫米　1/32　印张：1⅜　字数：34 千字
2020 年 11 月第一版　　2020 年 11 月第一次印刷
定价：**15.00** 元

ISBN 978-7-112-25364-7
（36352）

中华人民共和国住房和城乡建设部

建科规〔2020〕5号

住房和城乡建设部关于印发《建设工程消防设计审查验收工作细则》和《建设工程消防设计审查、消防验收、备案和抽查文书式样》的通知

各省、自治区住房和城乡建设厅，直辖市住房和城乡建设（管）委、北京市规划和自然资源委，新疆生产建设兵团住房和城乡建设局：

为贯彻落实《建设工程消防设计审查验收管理暂行规定》（住房和城乡建设部令第51号），做好建设工程消防设计审查验收工作，我部制定了《建设工程消防设计审查验收工作细则》和《建设工程消防设计审查、消防验收、备案和抽查文书式样》。现印发你们，请认真贯彻执行。

中华人民共和国住房和城乡建设部

2020年6月16日

目　　录

1　建设工程消防设计审查验收管理暂行规定

第一章　总　　则

第一条　为了加强建设工程消防设计审查验收管理，保证建设工程消防设计、施工质量，根据《中华人民共和国建筑法》《中华人民共和国消防法》《建设工程质量管理条例》等法律、行政法规，制定本规定。

第二条　特殊建设工程的消防设计审查、消防验收，以及其他建设工程的消防验收备案（以下简称备案）、抽查，适用本规定。

本规定所称特殊建设工程，是指本规定第十四条所列的建设工程。

本规定所称其他建设工程，是指特殊建设工程以外的其他按照国家工程建设消防技术标准需要进行消防设计的建设工程。

第三条　国务院住房和城乡建设主管部门负责指导监督全国建设工程消防设计审查验收工作。

县级以上地方人民政府住房和城乡建设主管部门（以下简称消防设计审查验收主管部门）依职责承担本行政区域内建设工程的消防设计审查、消防验收、备案和抽查工作。

跨行政区域建设工程的消防设计审查、消防验收、备案和抽查工作，由该建设工程所在行政区域消防设计审查验收主管部门共同的上一级主管部门指定负责。

第四条　消防设计审查验收主管部门应当运用互联网技术等信息化手段开展消防设计审查、消防验收、备案和抽查工作，建立健全有关单位和从业人员的信用管理制度，不断提升政务服务水平。

第五条　消防设计审查验收主管部门实施消防设计审查、消防验收、备案和抽查工作的经费，按照《中华人民共和国行政许可法》等有关法律法规的规定执行。

第六条 消防设计审查验收主管部门应当及时将消防验收、备案和抽查情况告知消防救援机构，并与消防救援机构共享建筑平面图、消防设施平面布置图、消防设施系统图等资料。

第七条 从事建设工程消防设计审查验收的工作人员，以及建设、设计、施工、工程监理、技术服务等单位的从业人员，应当具备相应的专业技术能力，定期参加职业培训。

第二章 有关单位的消防设计、施工质量责任与义务

第八条 建设单位依法对建设工程消防设计、施工质量负首要责任。设计、施工、工程监理、技术服务等单位依法对建设工程消防设计、施工质量负主体责任。建设、设计、施工、工程监理、技术服务等单位的从业人员依法对建设工程消防设计、施工质量承担相应的个人责任。

第九条 建设单位应当履行下列消防设计、施工质量责任和义务：

（一）不得明示或者暗示设计、施工、工程监理、技术服务等单位及其从业人员违反建设工程法律法规和国家工程建设消防技术标准，降低建设工程消防设计、施工质量；

（二）依法申请建设工程消防设计审查、消防验收，办理备案手续并接受抽查；

（三）实行工程监理的建设工程，依法将消防施工质量委托监理；

（四）委托具有相应资质的设计、施工、工程监理单位；

（五）按照工程消防设计要求和合同约定，选用合格的消防产品和满足防火性能要求的建筑材料、建筑构配件和设备；

（六）组织设计、施工、工程监理和技术服务等有关单位进行建设工程竣工验收，对建设工程是否符合消防要求进行查验；

（七）依法及时向档案管理机构移交建设工程消防有关档案。

第十条 设计单位应当履行下列消防设计、施工质量责任和义务：

（一）按照建设工程法律法规和国家工程建设消防技术标准进行设计，编制符合要求的消防设计文件，不得违反国家工程建设消防技术标准强制性条文；

（二）在设计文件中选用的消防产品和具有防火性能要求的建筑材料、建筑构配件、设备，应当注明规格、性能等技术指标，符合国家规定的标准；

（三）参加建设单位组织的建设工程竣工验收，对建设工程消防设计实施情况签章确认，并对建设工程消防设计质量负责。

第十一条 施工单位应当履行下列消防设计、施工质量责任和义务：

（一）按照建设工程法律法规、国家工程建设消防技术标准，以及经消防设计审查合格或者满足工程需要的消防设计文件组织施工，不得擅自改变消防设计进行施工，降低消防施工质量；

（二）按照消防设计要求、施工技术标准和合同约定检验消防产品和具有防火性能要求的建筑材料、建筑构配件和设备的质量，使用合格产品，保证消防施工质量；

（三）参加建设单位组织的建设工程竣工验收，对建设工程消防施工质量签章确认，并对建设工程消防施工质量负责。

第十二条 工程监理单位应当履行下列消防设计、施工质量责任和义务：

（一）按照建设工程法律法规、国家工程建设消防技术标准，以及经消防设计审查合格或者满足工程需要的消防设计文件实施工程监理；

（二）在消防产品和具有防火性能要求的建筑材料、建筑构配件和设备使用、安装前，核查产品质量证明文件，不得同意使用或者安装不合格的消防产品和防火性能不符合要求的建筑材料、建筑构配件和设备；

（三）参加建设单位组织的建设工程竣工验收，对建设工程消防施工质量签章确认，并对建设工程消防施工质量承担监理责任。

第十三条 提供建设工程消防设计图纸技术审查、消防设施检测或者建设工程消防验收现场评定等服务的技术服务机构，应当按照建设工程法律法规、国家工程建设消防技术标准和国家有关规定提供服务，并对出具的意见或者报告负责。

第三章 特殊建设工程的消防设计审查

第十四条 具有下列情形之一的建设工程是特殊建设工程：

（一）总建筑面积大于二万平方米的体育场馆、会堂，公共展览馆、博物馆的展示厅；

（二）总建筑面积大于一万五千平方米的民用机场航站楼、客运车站候车室、客运码头候船厅；

（三）总建筑面积大于一万平方米的宾馆、饭店、商场、市场；

（四）总建筑面积大于二千五百平方米的影剧院，公共图书馆的阅览室，营业性室内健身、休闲场馆，医院的门诊楼，大学的教学楼、图书馆、食堂，劳动密集型企业的生产加工车间，寺庙、教堂；

（五）总建筑面积大于一千平方米的托儿所、幼儿园的儿童用房，儿童游乐厅等室内儿童活动场所，养老院、福利院，医院、疗养院的病房楼，中小学校的教学楼、图书馆、食堂，学校的集体宿舍，劳动密集型企业的员工集体宿舍；

（六）总建筑面积大于五百平方米的歌舞厅、录像厅、放映厅、卡拉OK厅、夜总会、游艺厅、桑拿浴室、网吧、酒吧，具有娱乐功能的餐馆、茶馆、咖啡厅；

（七）国家工程建设消防技术标准规定的一类高层住宅建筑；

（八）城市轨道交通、隧道工程，大型发电、变配电工程；

（九）生产、储存、装卸易燃易爆危险物品的工厂、仓库和专用车站、码头，易燃易爆气体和液体的充装站、供应站、调压站；

（十）国家机关办公楼、电力调度楼、电信楼、邮政楼、防灾指挥调度楼、广播电视楼、档案楼；

（十一）设有本条第一项至第六项所列情形的建设工程；

（十二）本条第十项、第十一项规定以外的单体建筑面积大于四万平方米或者建筑高度超过五十米的公共建筑。

第十五条 对特殊建设工程实行消防设计审查制度。

特殊建设工程的建设单位应当向消防设计审查验收主管部门申请消防设计审查，消防设计审查验收主管部门依法对审查的结果负责。

特殊建设工程未经消防设计审查或者审查不合格的，建设单位、施工单位不得施工。

第十六条 建设单位申请消防设计审查，应当提交下列材料：

（一）消防设计审查申请表；

（二）消防设计文件；

（三）依法需要办理建设工程规划许可的，应当提交建设工程规划许可文件；

（四）依法需要批准的临时性建筑，应当提交批准文件。

第十七条 特殊建设工程具有下列情形之一的，建设单位除提交本规定第十六条所列材料外，还应当同时提交特殊消防设计技术资料：

（一）国家工程建设消防技术标准没有规定，必须采用国际标准或者境外工程建设消防技术标准的；

（二）消防设计文件拟采用的新技术、新工艺、新材料不符合国家工程建设消防技术标准规定的。

前款所称特殊消防设计技术资料，应当包括特殊消防设计文件，设计采用的国际标准、境外工程建设消防技术标准的中文文本，以及有关的应用实例、产品说明等资料。

第十八条 消防设计审查验收主管部门收到建设单位提交的

消防设计审查申请后，对申请材料齐全的，应当出具受理凭证；申请材料不齐全的，应当一次性告知需要补正的全部内容。

第十九条 对具有本规定第十七条情形之一的建设工程，消防设计审查验收主管部门应当自受理消防设计审查申请之日起五个工作日内，将申请材料报送省、自治区、直辖市人民政府住房和城乡建设主管部门组织专家评审。

第二十条 省、自治区、直辖市人民政府住房和城乡建设主管部门应当建立由具有工程消防、建筑等专业高级技术职称人员组成的专家库，制定专家库管理制度。

第二十一条 省、自治区、直辖市人民政府住房和城乡建设主管部门应当在收到申请材料之日起十个工作日内组织召开专家评审会，对建设单位提交的特殊消防设计技术资料进行评审。

评审专家从专家库随机抽取，对于技术复杂、专业性强或者国家有特殊要求的项目，可以直接邀请相应专业的中国科学院院士、中国工程院院士、全国工程勘察设计大师以及境外具有相应资历的专家参加评审；与特殊建设工程设计单位有利害关系的专家不得参加评审。

评审专家应当符合相关专业要求，总数不得少于七人，且独立出具评审意见。特殊消防设计技术资料经四分之三以上评审专家同意即为评审通过，评审专家有不同意见的，应当注明。省、自治区、直辖市人民政府住房和城乡建设主管部门应当将专家评审意见，书面通知报请评审的消防设计审查验收主管部门，同时报国务院住房和城乡建设主管部门备案。

第二十二条 消防设计审查验收主管部门应当自受理消防设计审查申请之日起十五个工作日内出具书面审查意见。依照本规定需要组织专家评审的，专家评审时间不超过二十个工作日。

第二十三条 对符合下列条件的，消防设计审查验收主管部门应当出具消防设计审查合格意见：

（一）申请材料齐全、符合法定形式；

（二）设计单位具有相应资质；

（三）消防设计文件符合国家工程建设消防技术标准（具有本规定第十七条情形之一的特殊建设工程，提交的特殊消防设计技术资料通过专家评审）。

对不符合前款规定条件的，消防设计审查验收主管部门应当出具消防设计审查不合格意见，并说明理由。

第二十四条 实行施工图设计文件联合审查的，应当将建设工程消防设计的技术审查并入联合审查。

第二十五条 建设、设计、施工单位不得擅自修改经审查合格的消防设计文件。确需修改的，建设单位应当依照本规定重新申请消防设计审查。

第四章 特殊建设工程的消防验收

第二十六条 对特殊建设工程实行消防验收制度。

特殊建设工程竣工验收后，建设单位应当向消防设计审查验收主管部门申请消防验收；未经消防验收或者消防验收不合格的，禁止投入使用。

第二十七条 建设单位组织竣工验收，应当对建设工程是否符合下列要求进行查验：

（一）完成工程消防设计和合同约定的消防各项内容；

（二）有完整的工程消防技术档案和施工管理资料（含涉及消防的建筑材料、建筑构配件和设备的进场试验报告）；

（三）建设单位对工程涉及消防的各分部分项工程验收合格；施工、设计、工程监理、技术服务等单位确认工程消防质量符合有关标准；

（四）消防设施性能、系统功能联调联试等内容检测合格。

经查验不符合前款规定的建设工程，建设单位不得编制工程竣工验收报告。

第二十八条 建设单位申请消防验收，应当提交下列材料：

（一）消防验收申请表；

（二）工程竣工验收报告；

（三）涉及消防的建设工程竣工图纸。

消防设计审查验收主管部门收到建设单位提交的消防验收申请后，对申请材料齐全的，应当出具受理凭证；申请材料不齐全的，应当一次性告知需要补正的全部内容。

第二十九条 消防设计审查验收主管部门受理消防验收申请后，应当按照国家有关规定，对特殊建设工程进行现场评定。现场评定包括对建筑物防（灭）火设施的外观进行现场抽样查看；通过专业仪器设备对涉及距离、高度、宽度、长度、面积、厚度等可测量的指标进行现场抽样测量；对消防设施的功能进行抽样测试、联调联试消防设施的系统功能等内容。

第三十条 消防设计审查验收主管部门应当自受理消防验收申请之日起十五日内出具消防验收意见。对符合下列条件的，应当出具消防验收合格意见：

（一）申请材料齐全、符合法定形式；

（二）工程竣工验收报告内容完备；

（三）涉及消防的建设工程竣工图纸与经审查合格的消防设计文件相符；

（四）现场评定结论合格。

对不符合前款规定条件的，消防设计审查验收主管部门应当出具消防验收不合格意见，并说明理由。

第三十一条 实行规划、土地、消防、人防、档案等事项联合验收的建设工程，消防验收意见由地方人民政府指定的部门统一出具。

第五章 其他建设工程的消防设计、备案与抽查

第三十二条 其他建设工程，建设单位申请施工许可或者申请批准开工报告时，应当提供满足施工需要的消防设计图纸及技术资料。

未提供满足施工需要的消防设计图纸及技术资料的，有关部门不得发放施工许可证或者批准开工报告。

第三十三条　对其他建设工程实行备案抽查制度。

其他建设工程经依法抽查不合格的，应当停止使用。

第三十四条　其他建设工程竣工验收合格之日起五个工作日内，建设单位应当报消防设计审查验收主管部门备案，提交下列材料：

（一）消防验收备案表；

（二）工程竣工验收报告；

（三）涉及消防的建设工程竣工图纸。

本规定第二十七条有关建设单位竣工验收消防查验的规定，适用于其他建设工程。

第三十五条　消防设计审查验收主管部门收到建设单位备案材料后，对备案材料齐全的，应当出具备案凭证；备案材料不齐全的，应当一次性告知需要补正的全部内容。

第三十六条　消防设计审查验收主管部门应当对备案的其他建设工程进行抽查。抽查工作推行“双随机、一公开”制度，随机抽取检查对象，随机选派检查人员。抽取比例由省、自治区、直辖市人民政府住房和城乡建设主管部门，结合辖区内消防设计、施工质量情况确定，并向社会公示。

消防设计审查验收主管部门应当自其他建设工程被确定为检查对象之日起十五个工作日内，按照建设工程消防验收有关规定完成检查，制作检查记录。检查结果应当通知建设单位，并向社会公示。

第三十七条　建设单位收到检查不合格整改通知后，应当停止使用建设工程，并组织整改，整改完成后，向消防设计审查验收主管部门申请复查。

消防设计审查验收主管部门应当自收到书面申请之日起七个工作日内进行复查，并出具复查意见。复查合格后方可使用建设工程。

第六章　附　　则

第三十八条　违反本规定的行为，依照《中华人民共和国建筑法》《中华人民共和国消防法》《建设工程质量管理条例》等法律法规给予处罚；构成犯罪的，依法追究刑事责任。

建设、设计、施工、工程监理、技术服务等单位及其从业人员违反有关建设工程法律法规和国家工程建设消防技术标准，除依法给予处罚或者追究刑事责任外，还应当依法承担相应的民事责任。

第三十九条　建设工程消防设计审查验收规则和执行本规定所需要的文书式样，由国务院住房和城乡建设主管部门制定。

第四十条　新颁布的国家工程建设消防技术标准实施之前，建设工程的消防设计已经依法审查合格的，按原审查意见的标准执行。

第四十一条　住宅室内装饰装修、村民自建住宅、救灾和非人员密集场所的临时性建筑的建设活动，不适用本规定。

第四十二条　省、自治区、直辖市人民政府住房和城乡建设主管部门可以根据法律、法规和本规定，结合本地实际情况，制定实施细则。

第四十三条　本规定自 2020 年 6 月 1 日起施行。

2 建设工程消防设计审查验收工作细则

目　　录

第一章　总　　则

第一条　为规范建设工程消防设计审查验收行为，保证建设工程消防设计、施工质量，根据《中华人民共和国建筑法》《中华人民共和国消防法》《建设工程质量管理条例》等法律法规，以及《建设工程消防设计审查验收管理暂行规定》（以下简称《暂行规定》）等部门规章，制定本细则。

第二条　本细则适用于县级以上地方人民政府住房和城乡建设主管部门（以下简称消防设计审查验收主管部门）依法对特殊建设工程的消防设计审查、消防验收，以及其他建设工程的消防验收备案（以下简称备案）、抽查。

第三条　本细则是和《暂行规定》配套的具体规定，建设工程消防设计审查验收除遵守本细则外，尚应符合其他相关法律法规和部门规章的规定。

第四条　省、自治区、直辖市人民政府住房和城乡建设主管部门可以根据有关法律法规和《暂行规定》，结合本地实际情况，细化本细则。

第五条　实行施工图设计文件联合审查的，应当将建设工程消防设计的技术审查并入联合审查，意见一并出具。消防设计审查验收主管部门根据施工图审查意见中的消防设计技术审查意见，出具消防设计审查意见。

实行规划、土地、消防、人防、档案等事项联合验收的建设工程，应当将建设工程消防验收并入联合验收。

第二章 特殊建设工程的消防设计审查

第六条 消防设计审查验收主管部门收到建设单位提交的特殊建设工程消防设计审查申请后，符合下列条件的，应当予以受理；不符合其中任意一项的，消防设计审查验收主管部门应当一次性告知需要补正的全部内容：

（一）特殊建设工程消防设计审查申请表信息齐全、完整；

（二）消防设计文件内容齐全、完整（具有《暂行规定》第十七条情形之一的特殊建设工程，提交的特殊消防设计技术资料内容齐全、完整）；

（三）依法需要办理建设工程规划许可的，已提交建设工程规划许可文件；

（四）依法需要批准的临时性建筑，已提交批准文件。

第七条 消防设计文件应当包括下列内容：

（一）封面：项目名称、设计单位名称、设计文件交付日期。

（二）扉页：设计单位法定代表人、技术总负责人和项目总负责人的姓名及其签字或授权盖章，设计单位资质，设计人员的姓名及其专业技术能力信息。

（三）设计文件目录。

（四）设计说明书，包括：

1. 工程设计依据，包括设计所执行的主要法律法规以及其他相关文件，所采用的主要标准（包括标准的名称、编号、年号和版本号），县级以上政府有关主管部门的项目批复性文件，建设单位提供的有关使用要求或生产工艺等资料，明确火灾危险性。

2. 工程建设的规模和设计范围，包括工程的设计规模及项目组成，分期建设情况，本设计承担的设计范围与分工等。

3. 总指标，包括总用地面积、总建筑面积和反映建设工程功能规模的技术指标。

4. 标准执行情况，包括：

（1）消防设计执行国家工程建设消防技术标准强制性条文的情况；

（2）消防设计执行国家工程建设消防技术标准中带有“严禁”“必须”“应”“不应”“不得”要求的非强制性条文的情况；

（3）消防设计中涉及国家工程建设消防技术标准没有规定内容的情况。

5. 总平面，应当包括有关主管部门对工程批准的规划许可技术条件，场地所在地的名称及在城市中的位置，场地内原有建构筑物保留、拆除的情况，建构筑物满足防火间距情况，功能分区，竖向布置方式（平坡式或台阶式），人流和车流的组织、出入口、停车场（库）的布置及停车数量，消防车道及高层建筑消防车登高操作场地的布置，道路主要的设计技术条件等。

6. 建筑和结构，应当包括项目设计规模等级，建构筑物面积，建构筑物层数和建构筑物高度，主要结构类型，建筑结构安全等级，建筑防火分类和耐火等级，门窗防火性能，用料说明和室内外装修，幕墙工程及特殊屋面工程的防火技术要求，建筑和结构设计防火设计说明等。

7. 建筑电气，应当包括消防电源、配电线路及电器装置，消防应急照明和疏散指示系统，火灾自动报警系统，以及电气防火措施等。

8. 消防给水和灭火设施，应当包括消防水源，消防水泵房、室外消防给水和室外消火栓系统、室内消火栓系统和其他灭火设施等。

9. 供暖通风与空气调节，应当包括设置防排烟的区域及其方式，防排烟系统风量确定，防排烟系统及其设施配置，控制方式简述，以及暖通空调系统的防火措施，空调通风系统的防火、防爆措施等。

10. 热能动力，应当包括有关锅炉房、涉及可燃气体的站房及可燃气、液体的防火、防爆措施等。

（五）设计图纸，包括：

1. 总平面图，应当包括：场地道路红线、建构筑物控制线、用地红线等位置；场地四邻原有及规划道路的位置；建构筑物的位置、名称、层数、防火间距；消防车道或通道及高层建筑消防车登高操作场地的布置等。

2. 建筑和结构，应当包括：平面图，包括平面布置，房间或空间名称或编号，每层建构筑物面积、防火分区面积、防火分区分隔位置及安全出口位置示意，以及主要结构和建筑构配件等；立面图，包括立面外轮廓及主要结构和建筑构造部件的位置，建构筑物的总高度、层高和标高以及关键控制标高的标注等；剖面图，应标示内外空间比较复杂的部位（如中庭与邻近的楼层或者错层部位），并包括建筑室内地面和室外地面标高，屋面檐口、女儿墙顶等的标高，层间高度尺寸及其他必需的高度尺寸等。

3. 建筑电气，应当包括：电气火灾监控系统，消防设备电源监控系统，防火门监控系统，火灾自动报警系统，消防应急广播，以及消防应急照明和疏散指示系统等。

4. 消防给水和灭火设施，应当包括：消防给水总平面图，消防给水系统的系统图、平面布置图，消防水池和消防水泵房平面图，以及其他灭火系统的系统图及平面布置图等。

5. 供暖通风与空气调节，应当包括：防烟系统的系统图、平面布置图，排烟系统的系统图、平面布置图，供暖、通风和空气调节系统的系统图、平面图等。

6. 热能动力，应当包括：所包含的锅炉房设备平面布置图，其他动力站房平面布置图，以及各专业管道防火封堵措施等。

第八条　具有《暂行规定》第十七条情形之一的特殊建设工程，提交的特殊消防设计技术资料应当包括下列内容：

（一）特殊消防设计文件，包括：

1. 设计说明。属于《暂行规定》第十七条第一款第一项情形的，应当说明设计中涉及国家工程建设消防技术标准没有规定的内容和理由，必须采用国际标准或者境外工程建设消防技术标准进行设计的内容和理由，特殊消防设计方案说明以及对特殊消防设计方案的评估分析报告、试验验证报告或数值模拟分析验证报告等。

属于《暂行规定》第十七条第一款第二项情形的，应当说明设计不符合国家工程建设消防技术标准的内容和理由，必须采用不符合国家工程建设消防技术标准规定的新技术、新工艺、新材料的内容和理由，特殊消防设计方案说明以及对特殊消防设计方案的评估分析报告、试验验证报告或数值模拟分析验证报告等。

2. 设计图纸。涉及采用国际标准、境外工程建设消防技术标准，或者采用新技术、新工艺、新材料的消防设计图纸。

（二）属于《暂行规定》第十七条第一款第一项情形的，应提交设计采用的国际标准、境外工程建设消防技术标准的原文及中文翻译文本。

（三）属于《暂行规定》第十七条第一款第二项情形的，采用新技术、新工艺的，应提交新技术、新工艺的说明；采用新材料的，应提交产品说明，包括新材料的产品标准文本（包括性能参数等）。

（四）应用实例。属于《暂行规定》第十七条第一款第一项情形的，应提交两个以上、近年内采用国际标准或者境外工程建设消防技术标准在国内或国外类似工程应用情况的报告；属于《暂行规定》第十七条第一款第二项情形的，应提交采用新技术、新工艺、新材料在国内或国外类似工程应用情况的报告或中试（生产）试验研究情况报告等。

（五）属于《暂行规定》第十七条第一款情形的，建筑高度大于250米的建筑，除上述四项以外，还应当说明在符合国家工程建设消防技术标准的基础上，所采取的切实增强建筑火灾时自防自救能力的加强性消防设计措施。包括：建筑构件耐火性能、外部平面布局、内部平面布置、安全疏散和避难、防火构造、建筑保温和外墙装饰防火性能、自动消防设施及灭火救援设施的配置及其可靠性、消防给水、消防电源及配电、建筑电气防火等内容。

第九条 对开展特殊消防设计的特殊建设工程进行消防设计技术审查前，应按照相关规定组织特殊消防设计技术资料的专家评审，专家评审意见应作为技术审查的依据。

专家评审应当针对特殊消防设计技术资料进行讨论，评审专家应当独立出具评审意见。讨论应当包括下列内容：

（一）设计超出或者不符合国家工程建设消防技术标准的理由是否充分；

（二）设计必须采用国际标准或者境外工程建设消防技术标准，或者采用新技术、新工艺、新材料的理由是否充分，运用是否准确，是否具备应用可行性等；

（三）特殊消防设计是否不低于现行国家工程建设消防技术标准要求的同等消防安全水平，方案是否可行；

（四）属于《暂行规定》第十七条第一款情形的，建筑高度大于 250 米的建筑，讨论内容除上述三项以外，还应当讨论采取的加强性消防设计措施是否可行、可靠和合理。

第十条 专家评审意见应当包括下列内容：

（一）会议概况，包括会议时间、地点，组织机构，专家组的成员构成，参加会议的建设、设计、咨询、评估等单位；

（二）项目建设与设计概况；

（三）特殊消防设计评审内容；

（四）评审专家独立出具的评审意见，评审意见应有专家签字，明确为同意或不同意，不同意的应当说明理由；

（五）专家评审结论，评审结论应明确为同意或不同意，特殊消防设计技术资料经 3/4 以上评审专家同意即为评审通过，评审结论为同意；

（六）评审结论专家签字；

（七）会议记录。

第十一条 省、自治区、直辖市人民政府住房和城乡建设主管部门应当按照规定将专家评审意见装订成册，及时报国务院住房和城乡建设主管部门备案，并同时报送其电子文本。

第十二条 消防设计审查验收主管部门可以委托具备相应能力的技术服务机构开展特殊建设工程消防设计技术审查，并形成意见或者报告，作为出具特殊建设工程消防设计审查意见的依据。

提供消防设计技术审查的技术服务机构，应当将出具的意见或者报告及时反馈消防设计审查验收主管部门。意见或者报告的结论应清晰、明确。

第十三条 消防设计技术审查符合下列条件的，结论为合格；不符合下列任意一项的，结论为不合格：

（一）消防设计文件编制符合相应建设工程设计文件编制深度规定的要求；

（二）消防设计文件内容符合国家工程建设消防技术标准强制性条文规定；

（三）消防设计文件内容符合国家工程建设消防技术标准中带有“严禁”“必须”“应”“不应”“不得”要求的非强制性条文规定；

（四）具有《暂行规定》第十七条情形之一的特殊建设工程，特殊消防设计技术资料通过专家评审。

第三章 特殊建设工程的消防验收

第十四条 消防设计审查验收主管部门开展特殊建设工程消防验收，建设、设计、施工、工程监理、技术服务机构等相关单位应当予以配合。

第十五条 消防设计审查验收主管部门收到建设单位提交的特殊建设工程消防验收申请后，符合下列条件的，应当予以受理；不符合其中任意一项的，消防设计审查验收主管部门应当一次性告知需要补正的全部内容：

（一）特殊建设工程消防验收申请表信息齐全、完整；

（二）有符合相关规定的工程竣工验收报告，且竣工验收消防查验内容完整、符合要求；

（三）涉及消防的建设工程竣工图纸与经审查合格的消防设计文件相符。

第十六条 建设单位编制工程竣工验收报告前，应开展竣工验收消防查验，查验合格后方可编制工程竣工验收报告。

第十七条 消防设计审查验收主管部门可以委托具备相应能力的技术服务机构开展特殊建设工程消防验收的消防设施检测、现场评定，并形成意见或者报告，作为出具特殊建设工程消防验收意见的依据。

提供消防设施检测、现场评定的技术服务机构，应当将出具的意见或者报告及时反馈消防设计审查验收主管部门，结论应清晰、明确。

现场评定技术服务应严格依据法律法规、国家工程建设消防技术标准和省、自治区、直辖市人民政府住房和城乡建设主管部门有关规定等开展，内容、依据、流程等应及时向社会公布公开。

第十八条 现场评定应当依据消防法律法规、国家工程建设消防技术标准和涉及消防的建设工程竣工图纸、消防设计审查意见，对建筑物防（灭）火设施的外观进行现场抽样查看；通过专业仪器设备对涉及距离、高度、宽度、长度、面积、厚度等可测量的指标进行现场抽样测量；对消防设施的功能进行抽样测试、联调联试消防设施的系统功能等。

现场评定具体项目包括：

（一）建筑类别与耐火等级；

（二）总平面布局，应当包括防火间距、消防车道、消防车登高面、消防车登高操作场地等项目；

（三）平面布置，应当包括消防控制室、消防水泵房等建设工程消防用房的布置，国家工程建设消防技术标准中有位置要求场所（如儿童活动场所、展览厅等）的设置位置等项目；

（四）建筑外墙、屋面保温和建筑外墙装饰；

（五）建筑内部装修防火，应当包括装修情况，纺织织物、木质材料、高分子合成材料、复合材料及其他材料的防火性能，用电装置发热情况和周围材料的燃烧性能和防火隔热、散热措施，对消防设施的影响，对疏散设施的影响等项目；

（六）防火分隔，应当包括防火分区，防火墙，防火门、窗，竖向管道井、其他有防火分隔要求的部位等项目；

（七）防爆，应当包括泄压设施，以及防静电、防积聚、防流散等措施；

（八）安全疏散，应当包括安全出口、疏散门、疏散走道、避难层（间）、消防应急照明和疏散指示标志等项目；

（九）消防电梯；

（十）消火栓系统，应当包括供水水源、消防水池、消防水泵、管网、室内外消火栓、系统功能等项目；

（十一）自动喷水灭火系统，应当包括供水水源、消防水池、消防水泵、报警阀组、喷头、系统功能等项目；

（十二）火灾自动报警系统，应当包括系统形式、火灾探测器的报警功能、系统功能、以及火灾报警控制器、联动设备和消防控制室图形显示装置等项目；

（十三）防烟排烟系统及通风、空调系统防火，包括系统设置、排烟风机、管道、系统功能等项目；

（十四）消防电气，应当包括消防电源、柴油发电机房、变配电房、消防配电、用电设施等项目；

（十五）建筑灭火器，应当包括种类、数量、配置、布置等项目；

（十六）泡沫灭火系统，应当包括泡沫灭火系统防护区、以及泡沫比例混合、泡沫发生装置等项目；

（十七）气体灭火系统的系统功能；

（十八）其他国家工程建设消防技术标准强制性条文规定的项目，以及带有“严禁”“必须”“应”“不应”“不得”要求的非强制性条文规定的项目。

第十九条 现场抽样查看、测量、设施及系统功能测试应符合下列要求：

（一）每一项目的抽样数量不少于2处，当总数不大于2处时，全部检查；

（二）防火间距、消防车登高操作场地、消防车道的设置及安全出口的形式和数量应全部检查。

第二十条 消防验收现场评定符合下列条件的，结论为合格；不符合下列任意一项的，结论为不合格：

（一）现场评定内容符合经消防设计审查合格的消防设计文件；

（二）现场评定内容符合国家工程建设消防技术标准强制性条文规定的要求；

（三）有距离、高度、宽度、长度、面积、厚度等要求的内容，其与设计图纸标示的数值误差满足国家工程建设消防技术标准的要求；国家工程建设消防技术标准没有数值误差要求的，误差不超过5%，且不影响正常使用功能和消防安全；

（四）现场评定内容为消防设施性能的，满足设计文件要求并能正常实现；

（五）现场评定内容为系统功能的，系统主要功能满足设计文件要求并能正常实现。

第四章 其他建设工程的消防验收备案与抽查

第二十一条 消防设计审查验收主管部门收到建设单位备案材料后，对符合下列条件的，应当出具备案凭证；不符合其中任意一项的，消防设计审查验收主管部门应当一次性告知需要补正的全部内容：

（一）消防验收备案表信息完整；

（二）具有工程竣工验收报告；

（三）具有涉及消防的建设工程竣工图纸。

第二十二条 消防设计审查验收主管部门应当对申请备案的火灾危险等级较高的其他建设工程适当提高抽取比例，具体由省、自治区、直辖市人民政府住房和城乡建设主管部门制定。

第二十三条 消防设计审查验收主管部门对被确定为检查对象的其他建设工程，应当按照建设工程消防验收有关规定，检查建设单位提交的工程竣工验收报告的编制是否符合相关规定，竣工验收消防查验内容是否完整、符合要求。

备案抽查的现场检查应当依据涉及消防的建设工程竣工图纸和建设工程消防验收现场评定有关规定进行。

第二十四条 消防设计审查验收主管部门对整改完成并申请复查的其他建设工程，应当按照建设工程消防验收有关规定进行复查，并出具复查意见。

第五章 档案管理

第二十五条 消防设计审查验收主管部门应当严格按照国家有关档案管理的规定，做好建设工程消防设计审查、消防验收、备案和抽查的档案管理工作，建立档案信息化管理系统。

消防设计审查验收工作人员应当对所承办的消防设计审查、消防验收、备案和抽查的业务管理和业务技术资料及时收集、整理，确保案卷材料齐全完整、真实合法。

第二十六条 建设工程消防设计审查、消防验收、备案和抽查的档案内容较多时可立分册并集中存放，其中图纸可用电子档案的形式保存。建设工程消防设计审查、消防验收、备案和抽查的原始技术资料应长期保存。

3　建设工程消防设计审查、消防验收、备案和抽查文书式样

供各地开展建设工程消防设计审查验收工作参照、细化的文书式样共 10 份，包括：

1.《特殊建设工程消防设计审查申请表》

2.《特殊建设工程消防设计审查申请受理/不予受理凭证》

3.《特殊建设工程消防设计审查意见书》

4.《特殊建设工程消防验收申请表》

5.《特殊建设工程消防验收申请受理/不予受理凭证》

6.《特殊建设工程消防验收意见书》

7.《建设工程消防验收备案表》

8.《建设工程消防验收备案/不予备案凭证》

9.《建设工程消防验收备案抽查/复查结果通知书》

10.《建设工程消防验收备案抽查复查申请表》

另附填表说明。

特殊建设工程消防设计审查申请表

工程名称：　　　　（印章）　　　　　　　　申请日期：　　年　月　日

建设单位		联系人		联系电话	
工程地址		类 别	□新建　□扩建 □改建（装饰装修、改变用途、建筑保温）		

建设工程规划许可文件（依法需办理的）		临时性建筑批准文件（依法需办理的）	
特殊消防设计	□是　□否	建筑高度大于250m的建筑采取加强性消防设计措施	□是　□否
工程投资额（万元）		总建筑面积（m^2）	
特殊建设工程情形（详见背面）		□（一）□（二）□（三）□（四）□（五） □（六）□（七）□（八）□（九）□（十） □（十一）□（十二）	

单位类别	单位名称	资质等级	法定代表人（身份证号）	项目负责人（身份证号）	联系电话（移动电话和座机）
建设单位					
设计单位					
技术服务机构					

建筑名称	结构类型	使用性质	耐火等级	层数		高度（m）	长度（m）	占地面积（m^2）	建筑面积（m^2）	
				地上	地下				地上	地下

□装饰装修	装修部位	□顶棚 □墙面 □地面 □隔断 □固定家具 □装饰织物 □其他		
	装修面积（m^2）		装修所在层数	
□改变用途	使用性质		原有用途	
□建筑保温	材料类别	□A □B1 □B2	保温所在层数	
	保温部位		保温材料	
消防设施及其他	□室内消火栓系统　□室外消火栓系统　□火灾自动报警系统 □自动喷水灭火系统　□气体灭火系统　□泡沫灭火系统 □其他灭火系统　□疏散指示标志　□消防应急照明 □防烟排烟系统　□消防电梯　□灭火器 □其他			
工程简要说明				

（背面有正文）

特殊建设工程情形：

（一）总建筑面积大于二万平方米的体育场馆、会堂，公共展览馆、博物馆的展示厅；

（二）总建筑面积大于一万五千平方米的民用机场航站楼、客运车站候车室、客运码头候船厅；

（三）总建筑面积大于一万平方米的宾馆、饭店、商场、市场；

（四）总建筑面积大于二千五百平方米的影剧院，公共图书馆的阅览室，营业性室内健身、休闲场馆，医院的门诊楼，大学的教学楼、图书馆、食堂，劳动密集型企业的生产加工车间，寺庙、教堂；

（五）总建筑面积大于一千平方米的托儿所、幼儿园的儿童用房，儿童游乐厅等室内儿童活动场所，养老院、福利院，医院、疗养院的病房楼，中小学校的教学楼、图书馆、食堂，学校的集体宿舍，劳动密集型企业的员工集体宿舍；

（六）总建筑面积大于五百平方米的歌舞厅、录像厅、放映厅、卡拉OK厅、夜总会、游艺厅、桑拿浴室、网吧、酒吧，具有娱乐功能的餐馆、茶馆、咖啡厅；

（七）国家工程建设消防技术标准规定的一类高层住宅建筑；

（八）城市轨道交通、隧道工程，大型发电、变配电工程；

（九）生产、储存、装卸易燃易爆危险物品的工厂、仓库和专用车站、码头，易燃易爆气体和液体的充装站、供应站、调压站；

（十）国家机关办公楼、电力调度楼、电信楼、邮政楼、防灾指挥调度楼、广播电视楼、档案楼；

（十一）设有本条第一项至第六项所列情形的建设工程；

（十二）本条第十项、第十一项规定以外的单体建筑面积大于四万平方米或者建筑高度超过五十米的公共建筑。

特殊建设工程消防设计审查申请受理/不予受理凭证

（文号）

：

根据《中华人民共和国建筑法》《中华人民共和国消防法》《建设工程质量管理条例》《建设工程消防设计审查验收管理暂行规定》等有关规定，你单位于　　年　　月　　日申请________建设工程（地址：　　；建筑面积：　　；建筑高度　　；建筑层数：　　；使用性质：　　）消防设计审查，并提交了下列材料：

□ 1. 消防设计审查申请表；

□ 2. 消防设计文件；

□ 3. 建设工程规划许可文件（依法需要办理的）；

□ 4. 临时性建筑批准文件（依法需要办理的）；

□ 5. 特殊消防设计技术资料（需进行特殊消防设计的特殊建设工程）。

□申请材料齐全、符合要求，予以受理。

□存在以下情形，不予受理：□1. 依法不需要申请消防设计审查；□2. 提交的上列第　　项材料不符合相关要求；□3. 申请材料不齐全，需要补正上列第　　项材料。

（印章）
年　月　日

建设单位签收：　　　　年　月　日

备注：本凭证一式两份，一份交建设单位，一份存档。

特殊建设工程消防设计审查意见书

（文号）

：

根据《中华人民共和国建筑法》《中华人民共和国消防法》《建设工程质量管理条例》《建设工程消防设计审查验收管理暂行规定》等有关规定，你单位于　　年　月　日申请________建设工程（地址：　　；建筑面积：　　；建筑高度：　　；建筑层数：　　；使用性质：　　）消防设计审查（特殊建设工程消防设计审查申请受理凭证文号：　　）。经审查，结论如下：

□合格。

□不合格。

主要存在以下问题：……

如不服本决定，可以在收到本意见书之日起　　日内依法向　　申请行政复议，或者　　内依法向　　人民法院提起行政诉讼。

（印章）

年　月　日

建设单位签收：　　　　　　　　　　　　年　月　日

备注：1. 本意见书一式两份，一份交建设单位，一份存档。

2. 不得擅自修改经审查合格的建设工程消防设计，确需修改的，建设单位应当重新申报消防设计审查。

特殊建设工程消防验收申请表

工程名称：　　　　（印章）　　　　　　申请日期：　　年　月　日

建设单位		联系人		联系电话	
工程地址		类别	□新建　□扩建 □改建（装饰装修、改变用途、建筑保温）		
工程投资额（万元）		总建筑面积（m^2）			

单位类别	单位名称	资质等级	法定代表人（身份证号）	项目负责人（身份证号）	联系电话（移动电话和座机）
建设单位					
设计单位					
施工单位					
监理单位					
技术服务机构					

《特殊建设工程消防设计审查意见书》文号（审查意见为合格的）		审查合格日期	
建筑工程施工许可证号、批准开工报告编号或证明文件编号（依法需办理的）		制证日期	

建筑名称	结构类型	使用性质	耐火等级	层数		高度（m）	长度（m）	占地面积（m^2）	建筑面积（m^2）	
				地上	地下				地上	地下

□装饰装修	装修部位	□顶棚　□墙面　□地面　□隔断 □固定家具　□装饰织物　□其他		
	装修面积（m^2）		装修所在层数	
□改变用途	使用性质		原有用途	
□建筑保温	材料类别	□A　□B1　□B2	保温所在层数	
	保温部位		保温材料	

（背面有正文）

施工过程中消防设施检测情况（如有）
技术服务机构（印章）： 项目负责人签名：　　年　月　日
建设工程竣工验收消防查验情况及意见
一、基本情况 建设单位（印章）： 项目负责人签名：　　年　月　日
二、经审查合格的消防设计文件实施情况 设计单位（印章）： 项目负责人签名：　　年　月　日
三、工程监理情况 监理单位（印章）： 项目总监理工程师签名：　　年　月　日
四、工程施工情况 消防施工专业分包单位（印章）：　　施工总承包单位（印章）： 项目负责人签名：　　年　月　日　　项目经理签名：　　年　月　日
五、消防设施性能、系统功能联调联试情况 技术服务机构（印章）： 项目负责人签名：　　年　月　日
备注：

特殊建设工程消防验收申请受理/不予受理凭证

（文号）

：

根据《中华人民共和国建筑法》《中华人民共和国消防法》《建设工程质量管理条例》《建设工程消防设计审查验收管理暂行规定》等有关规定，你单位于　　年　　月　　日申请________建设工程（地址：　　；建筑面积：　　；建筑高度：　　；建筑层数：　　；使用性质：　　）消防验收，并提交了下列材料：

□ 1. 消防验收申请表；

□ 2. 工程竣工验收报告；

□ 3. 涉及消防的建设工程竣工图纸。

□申请材料齐全、符合要求，予以受理。

□存在以下情形，不予受理：□1. 依法不需要申请消防验收；□2. 提交的上列第　　项材料不符合相关要求；□3. 申请材料不齐全，需要补正上列第　　项材料。

（印章）

年　月　日

建设单位签收：　　　　年　月　日

备注：本凭证一式两份，一份交建设单位，一份存档。

特殊建设工程消防验收意见书

（文号）

：

根据《中华人民共和国建筑法》《中华人民共和国消防法》《建设工程质量管理条例》《建设工程消防设计审查验收管理暂行规定》等有关规定，你单位于　　年　月　日申请________建设工程（地址：　　；建筑面积：　　；建筑高度：　　；建筑层数：　　；使用性质：　　）消防验收（特殊建设工程消防验收申请受理凭证文号：　　）。按照国家工程建设消防技术标准和建设工程消防验收有关规定，根据申请材料及建设工程现场评定情况，结论如下：

□合格。

□不合格。

主要存在以下问题：……

如不服本决定，可以在收到本意见书之日起　　日内依法向　　申请行政复议，或者　　内依法向　　人民法院提起行政诉讼。

（印章）

年　月　日

建设单位签收：　　　　　　　　　　　　年　月　日

备注：本意见书一式两份，一份交建设单位，一份存档。

建设工程消防验收备案表

编号：

工程名称：　　（印章）　　　　申请日期：　　年　月　日

<table>
<tr><td>建设单位</td><td colspan="3"></td><td colspan="2">联系人</td><td colspan="2"></td><td colspan="2">联系电话</td><td></td></tr>
<tr><td>工程地址</td><td colspan="3"></td><td colspan="2">类 别</td><td colspan="5">□新建 □扩建
□改建（装饰装修、
改变用途、建筑保温）</td></tr>
<tr><td colspan="2">工程投资额（万元）</td><td colspan="2"></td><td colspan="4">总建筑面积（m^2）</td><td colspan="3"></td></tr>
<tr><td colspan="2">单位类别</td><td colspan="2">单位名称</td><td>资质等级</td><td colspan="2">法定代表人（身份证号）</td><td colspan="2">项目负责人（身份证号）</td><td colspan="2">联系电话（移动电话和座机）</td></tr>
<tr><td colspan="2">建设单位</td><td colspan="2"></td><td></td><td colspan="2"></td><td colspan="2"></td><td colspan="2"></td></tr>
<tr><td colspan="2">设计单位</td><td colspan="2"></td><td></td><td colspan="2"></td><td colspan="2"></td><td colspan="2"></td></tr>
<tr><td colspan="2">施工单位</td><td colspan="2"></td><td></td><td colspan="2"></td><td colspan="2"></td><td colspan="2"></td></tr>
<tr><td colspan="2">监理单位</td><td colspan="2"></td><td></td><td colspan="2"></td><td colspan="2"></td><td colspan="2"></td></tr>
<tr><td colspan="2">技术服务机构</td><td colspan="2"></td><td></td><td colspan="2"></td><td colspan="2"></td><td colspan="2"></td></tr>
<tr><td colspan="4">建筑工程施工许可证号、批准开工报告编号或证明文件编号（依法需办理的）</td><td colspan="3"></td><td colspan="2">制证日期</td><td colspan="2"></td></tr>
<tr><td rowspan="2">建筑名称</td><td rowspan="2">结构类型</td><td rowspan="2">使用性质</td><td rowspan="2">耐火等级</td><td colspan="2">层 数</td><td rowspan="2">高度（m）</td><td rowspan="2">长度（m）</td><td rowspan="2">占地面积（m^2）</td><td colspan="2">建筑面积（m^2）</td></tr>
<tr><td>地上</td><td>地下</td><td>地上</td><td>地下</td></tr>
<tr><td></td><td></td><td></td><td></td><td></td><td></td><td></td><td></td><td></td><td></td><td></td></tr>
<tr><td></td><td></td><td></td><td></td><td></td><td></td><td></td><td></td><td></td><td></td><td></td></tr>
<tr><td></td><td></td><td></td><td></td><td></td><td></td><td></td><td></td><td></td><td></td><td></td></tr>
<tr><td></td><td></td><td></td><td></td><td></td><td></td><td></td><td></td><td></td><td></td><td></td></tr>
<tr><td></td><td></td><td></td><td></td><td></td><td></td><td></td><td></td><td></td><td></td><td></td></tr>
<tr><td rowspan="2">□装饰装修</td><td colspan="2">装修部位</td><td colspan="8">□顶棚 □墙面 □地面 □隔断
□固定家具 □装饰织物 □其他</td></tr>
<tr><td colspan="2">装修面积（m^2）</td><td colspan="3"></td><td colspan="3">装修所在层数</td><td colspan="2"></td></tr>
<tr><td>□改变用途</td><td colspan="2">使用性质</td><td colspan="3"></td><td colspan="3">原有用途</td><td colspan="2"></td></tr>
<tr><td rowspan="2">□建筑保温</td><td colspan="2">材料类别</td><td colspan="3">□A □B1 □B2</td><td colspan="3">保温所在层数</td><td colspan="2"></td></tr>
<tr><td colspan="2">保温部位</td><td colspan="3"></td><td colspan="3">保温材料</td><td colspan="2"></td></tr>
</table>

（背面有正文）

<table>
<tr><td colspan="2">施工过程中消防设施检测情况（如有）</td></tr>
<tr><td colspan="2">技术服务机构（印章）：
项目负责人签名：　　年　月　日</td></tr>
<tr><td colspan="2">建设工程竣工验收消防查验情况及意见</td></tr>
<tr><td colspan="2">一、基本情况

建设单位（印章）：
项目负责人签名：　　年　月　日</td></tr>
<tr><td colspan="2">二、符合消防工程技术标准的设计文件实施情况

设计单位（印章）：
项目负责人签名：　　年　月　日</td></tr>
<tr><td colspan="2">三、工程监理情况

监理单位（印章）：
项目总监理工程师签名：　　年　月　日</td></tr>
<tr><td colspan="2">四、工程施工情况</td></tr>
<tr><td>消防施工专业分包单位（印章）：
项目负责人签名：　　年　月　日</td><td>施工总承包单位（印章）：
项目经理签名：　　年　月　日</td></tr>
<tr><td colspan="2">五、消防设施性能、系统功能联调联试情况

技术服务机构（印章）：
项目负责人签名：　　年　月　日</td></tr>
<tr><td colspan="2">备注：</td></tr>
</table>

建设工程消防验收备案/不予备案凭证

（文号）

：

根据《中华人民共和国建筑法》《中华人民共和国消防法》《建设工程质量管理条例》《建设工程消防设计审查验收管理暂行规定》等有关规定，你单位于　　年　月　日申请________建设工程（地址：　　；建筑面积：　　；建筑高度：　　；建筑层数：　　；使用性质：　　）消防验收备案，备案申请表编号为　　，提交的下列备案材料：

□ 1. 消防验收备案表；

□ 2. 工程竣工验收报告；

□ 3. 涉及消防的建设工程竣工图纸。

□备案材料齐全，准予备案。

□该工程未被确定为检查对象。

□该工程被确定为检查对象，我单位将在十五个工作日内进行检查，请做好准备。

□存在以下情形，不予备案：□1. 依法不应办理消防验收备案；□2. 提交的上列第　　项材料不符合相关要求；□3. 申请材料不齐全，需要补正上列第　　项材料。

（印章）
年　月　日

建设单位签收：　　　　　　　　　　　　　年　月　日

备注：本意见书一式两份，一份交建设单位，一份存档。

建设工程消防验收备案抽查/复查结果通知书

（文号）

：

根据《中华人民共和国建筑法》《中华人民共和国消防法》《建设工程质量管理条例》《建设工程消防设计审查验收管理暂行规定》等有关规定，你单位申请消防验收备案的________建设工程（地址：　；建筑面积：　；建筑高度：　；建筑层数：　；使用性质：　；备案申请表编号：　；备案凭证文号：　）被确定为检查对象。经检查：

□该工程符合建设工程消防验收有关规定。

□该工程不符合建设工程消防验收有关规定。

主要存在以下问题：……

你单位应立即停止使用，并对上述问题组织整改。整改完成后，应申请复查，复查合格后方可使用。

（印章）

年　月　日

建设单位签收：　　　　　　　　　　　年　月　日

备注：本通知书一式两份，一份交建设单位，一份存档。

建设工程消防验收备案抽查复查申请表

工程名称：（印章） 申请日期： 年 月 日

<table>
<tr><td>工程地址</td><td colspan="4"></td></tr>
<tr><td>建设单位联系人</td><td></td><td colspan="2">联系电话（手机）</td><td></td></tr>
<tr><td>备案表编号</td><td></td><td colspan="2">备案凭证文号</td><td></td></tr>
<tr><td colspan="2">建设工程消防验收备案抽（复）查结果通知书文号</td><td colspan="3"></td></tr>
<tr><td>存在问题整改情况</td><td colspan="4"></td></tr>
<tr><td>其他需要说明的情况</td><td colspan="4"></td></tr>
<tr><td>技术服务机构</td><td>设计单位</td><td>工程监理单位</td><td>施工单位</td><td>建设单位</td></tr>
<tr><td>项目负责人（签名）：
（印章）
年 月 日</td><td>项目负责人（签名）：
（印章）
年 月 日</td><td>项目负责人（签名）：
（印章）
年 月 日</td><td>项目负责人（签名）：
（印章）
年 月 日</td><td>项目负责人（签名）：
（印章）
年 月 日</td></tr>
</table>

填表说明

1. 填表前建设单位、设计单位、施工单位、监理单位、建设工程消防技术服务机构应仔细阅读《中华人民共和国建筑法》《中华人民共和国消防法》及《建设工程质量管理条例》《建设工程消防设计审查验收管理暂行规定》等有关规定。

2. 填表单位应如实填写各项内容，对提交材料的真实性、完整性负责，并承担相应的法律后果。

3. 填表单位应在申请表中注明“印章”处加盖单位公章，申请表涉及多页，需要加盖骑缝章，没有单位公章的，应由其法人或项目负责人签名（或手印）。

4. 填写应打印或使用钢笔和能够长期保持字迹的墨水，字迹清楚，文字规范、文面整洁，不得涂改。

5. 表格设定的栏目，应逐项填写；不需填写或无相关内容的，应划“\”。表格或文书中的“□”，表示可供选择，在选中内容前的“□”内画✓。

6. 如行数和页数不够，可另加行/页（附行/页应按照文书所列项目要求制作）。

7. “特殊建设工程情形”对应勾选《建设工程消防设计审查验收管理暂行规定》中第十四条各款规定的特殊建设工程，如符合多个情形可多选。

8. 如需进行特殊消防设计专家评审，请提供以下材料：特殊消防设计文件，设计采用的国际标准、境外消防技术标准的原文及中文翻译文本，以及有关的应用实例、产品说明等资料。

9. 需提供的“许可文件”“批准文件”可为复印件，加盖公章，申请人应注明原件存放处和日期并签名确认。

10. 建设单位如在施工过程中自行完成消防设施检测，或在建设工程竣工验收消防查验时自行完成消防设施性能、系统功能联调联试，《特殊建设工程消防验收申请表》和《建设工程消防验收备案表》中“技术服务机构”一栏可由建设单位填写。

11.《特殊建设工程消防设计审查申请表》中"工程简要说明"一栏所填内容可包括：(1) 逐一填写各层使用功能，建筑的防火设计类别；(2) 装修工程应注明装修场所的具体使用情况，是否改变所在建筑原防火设计类别的消防设计；(3) 工程消防设计文件变更的，应注明具体情况；(4) 城市隧道工程应注明隧道工程类型（如山体隧道、河底隧道等）；(5) 除房屋建筑和市政基础设施建设工程以外的其他类建设工程，应注明行业主管部门的相关工程审批情况；(6) 如该建设工程进行特殊消防设计，应注明设计采用的国际标准、境外消防技术标准的名称及中文翻译文本的名录；(7) 建设工程涉及储罐、堆场的，详细阐述储罐的设置位置、总容量、设置形式、储存形式和储存物质名称，堆场的储量和储存物质名称等；(8) 其他相关情况。

12.《特殊建设工程消防验收申请表》中"备注"一栏所填内容可包括：(1) 工程是否跨行政区域等相关情况；(2) 建设工程涉及储罐、堆场的，详细阐述储罐的设置位置、总容量、设置形式、储存形式和储存物质名称，堆场的储量和储存物质名称等；(3) 如本次属于再次申请验收，以前的验收的具体问题和整改情况；(4) 其他相关情况。

13.《建设工程消防验收备案表》中"备注"一栏所填内容可包括：(1) 建设工程涉及储罐、堆场的，详细阐述储罐的设置位置、总容量、设置形式、储存形式和储存物质名称，堆场的储量和储存物质名称等；(2) 其他相关情况。

14.《建设工程消防验收备案抽查复查申请表》中"其他需要说明的情况"一栏所填内容可包括：(1) 消防设计文件如有变更的，应注明变更情况；(2) 应注明整改后消防设施性能、系统功能联调联试等检测合格情况；(3) 其他相关情况。

15. 实行施工图设计文件联合审查的，审查意见一并出具。实行规划、土地、消防、人防、档案等事项联合验收的建设工程，消防验收意见由地方人民政府指定的部门统一出具。